捨て犬サンの人生案内

広田千悦子　文　　　広田行正　写真と絵

メディアファクトリー

もくじ

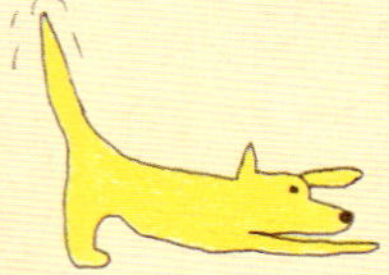

静かな山あいにある我が家。家からは小さく海が見える

プロローグ　サンとの出会い

広田千悦子

ある春の日の早朝。
だれもいない道ばたに、犬が捨てられていました。
若々しく見えるけれど、よく見ると淡い茶色の毛には白髪がまじっています。
元気はいいけれど、捨てられたことがわかるのか、
いつまでたっても迎えに来ない飼い主を待って、
なんとなく困った顔。
遠くの方をじっと見つめつづけていた犬。
それが、サンでした。

大切な友との永遠の別れ

サンと出会うずっと前、私たち夫婦は都内に住んでいました。気心の知れた二人だけで過ごす生活は気楽で、楽しい毎日でした。都会暮らしは便利でしたが、当時仲の良かった友人が住む、豊かな海や山が広がる神奈川県の海沿いに位置する秋谷《あきや》という場所に何度となく足を運ぶうちに、四季の移り変わりを感じられる場所、自然の流れの中で、自分と向き合えるゆとりのある暮らしがしたくなってきました。そうして私たちは秋谷に引っ越すことにしました。

同じころ、昔からの友人が信州で自給自足の生活を始めていました。才能にあふれ、何をやっても強いパワー

で成し遂げて成功する、そんな人でした。彼の収めた数々の成功の中でも、特に「自然の中での生活」に私たちは憧れをもっていました。いつかは自分たちも同じような道を、と考えてもいたのです。でも、その彼はある年の桜の咲くころ、私たちには何の前ぶれもなく、自ら、この世を去ってしまいました。

一生のうちで長い年月をずっと友人でいられる人、というのはそう多くはいないと思います。私たちにとって彼はそんな数少ない友人の一人でした。離れて暮らしていても、やっていることが違っていても、心の底にあるテーマが同じ方向を向いて生きている人。同志のような人。大切な、大切な友人でした。言葉では言い表せない悲しみが私を覆い、それ以来、私自身の人生にとって大きな何かが失くなってしまったような虚しさが、いつも心の中に住むようになりました。当たり前のように何げない話をして過ごした日々——。大切なことを彼に伝えることができなかったような、そんな気がして自分を責めることもありました。できることなら、一緒に同じ時代を生きて、それぞれの人生を分かちあいたかった、という思いが消えることなく押しよせてきました。

でも、時が経つうちに、いろいろな気持ちを乗り越えて悲しみのカタチが変わりはじめてきました。この大きな悲しみの負のエネルギーは消すことができない。ならば、その気持ちは持ちつづけることにして、私たちの人生になにか役立つことに使わせてもらおう、大切な人だったからこそ、その力の源泉が枯れることはないのだから——そう思うようになっていきました。人生とは、たくさんの人の生き方がからみあう織物のようになっているのだと知る一方で、私は無性に命のいとおしさを感じるようになっていきました。新しい命に出会いたい。命がいとおしい。悲しみと希望が入りまじった不思議な気持ちでした。

犬を、飼おうか

サンとの出会いはそんな時期でした。幼いころ犬を飼っていた私は、またいつか犬と暮らしたいとずっと考えていました。でも、いつ飼おうか悩んでいるうちに、いつの間にか時は過ぎていきました。初め、夫の行正はあまり乗り気ではなく、「反対じゃないけど、毎日、雨の日も風の日も散歩に行かなくてはならないなんて、面倒くさがりな僕たちにはできないよ。犬だって、がまんさせたらかわいそうじゃないか。旅行にも行けなくなるよ」と渋い顔をしていました。夫にそう言われるとなるほどと思い当たることもあり、そうこうしているうちに、妊娠し、子どもが生まれ、犬を飼いたいという気持ちは日々の暮らしに紛れていったのでした。

でも、大切な友人を突然亡くしたことは、私たちの気持ちにいろいろな変化をもたらしていました。やりたいと思ったことは今やろう。心配ばかりして先延ばしにしていたら、いつでもやれると思っていたことも、できなくなってしまうかもしれないのだから。そういう気持ちが渦を巻くように私たちを取り囲んでいました。

子どもを産む前にも同じように悩んだことがありました。子どもがいたら、自由を奪われていろいろなことができなくなり、自分の人生が半分ぐらいになってしまうのではないだろうか、という恐れがありました。今考えてみると、なんて薄っぺらな人生観だったのだろうと思いますが、当時は真剣にそう考えていました。実際は半分になるどころか、何倍にも人生が豊かになりました。何かをやる前に、頭の中でいくら想像しても無理がある、ということを知るいい機会でもありました。

湧きあがる思いを行動に移してみたい、タイミングを逃して後悔したくない、という思いを夫に伝えると、「じつは僕もそう考えていたよ。犬を、飼おうか。いろいろ大変かもしれないけれど」との返事！　夫にも同じような心の変化が起きていたようでした。

たくさんの小さな命が消えつづけている！

さっそく私たちは犬を迎える準備を始めました。最初はペットショップで選ぼうと考えたこともありましたが、そうではなく、捨てられた犬たちの中から選ぶことに決めました。犬が高価な値段で売られていく一方で、年間十万頭とも、二十万頭ともいう驚くべき数の犬たちが捨てられ、処分されているということを、知人から聞いていたからです。私たちは特別に動物愛護家というわけではないけれど、そんな数字を知ってしまうと、捨て犬を飼うことのほうが自然な気がしたのです。それからは、〝捨て犬の里親を探す会〟などで、いろいろな犬を見て回る日がつづきました。どの会場にもたくさんの犬や猫がいました。オドオドしてすっかり人間不信になっている表情の犬もいれば、どうしてこの子は捨てられたのだろう？と不思議に思うくらいきれいな犬もいます。無邪気な子犬たちはすぐに引き取り手がつきますが、大きくなってしまった成犬はなかなか引き取り手がないようすでした。

小学一年生の息子は「この犬がいい！」、「この犬もいい！」と全部の犬を連れて帰りたそうな勢い。でも、よくよく係りの人に聞いてみると、「おとなしく見えるけど、この子は脱走する癖があるのでむずかしいですよ」とか、「いたずらばかりして大変ですが、それでも飼えますか」などと聞かれます。初めは「可愛い犬、いるかな？」くらいの軽い気持ちで楽しみに出かけていた犬探しでしたが、そんな説明を聞きながら犬選びをしていくうちに、いろいろなことを考えてしまって、なかなか決心がつきません。犬を飼うのはやめようかなと思ったこともありました。でもそのたびに、やっぱり犬と暮らしたいという気持ちが強くなり、出会いを求めて探しだす、そんなことを繰り返す日々がつづきました。

サンとの出会い

犬を探しはじめて、一、二カ月ぐらいたったころ、いつものように里親を探す会に行ってみると、係りの人から「今、横浜に捨て犬がたくさん来ているようですよ、行ってみますか？」と教えてもらい、その足ですぐに横浜の動物保護施設へ向かいました。

保護施設につくと、「どうぞお入りください」とすすめられ、ドキドキしながら大きな檻の中へ入りました。中にはたくさんの犬や猫たちがいました。引き取り手もなく、もう何年も施設で暮らしている年老いた犬、人が嫌いで怯えてワンワン吠えつづける犬、そこにもやっぱりいろんな犬が暮らしていました。

そんな中で、タッタッタッと人なつこく近づいてくる一匹の犬がいました。シャン！としていてかっこいいけれど、おとぼけた表情のなんとなく気になる犬、それがサンでした。夫と息子はサンと出会った瞬間に「この子だ！」と決めていたといいます。タイミング的にも不思議な出会いでした。私も初めはいいな、と思いましたが、八歳という年齢を聞いてビックリ。うーん、と悩んでしまいました。犬の八歳（人間では四十八歳くらい）といえば、もう高齢犬の部類です。最近は犬の寿命も延びているとはいえ、あとどのくらい一緒に暮らせるのだろう、年老いた犬と暮らすということは、犬の介護も覚悟しなければならないのだろうか、などといろいろなことを考えてしまいます。でも「命」のことは、もともと人が選んで決めることではないのだから……、という思いもありました。考えていたよりもずっと高齢の犬と暮らすことになってしまうし、心配もたくさんあるけれど、いろいろ考えて行動してきたうえでの出会いだもの、これも縁あってのもの。この犬にうちの子になってもらおう、と心を決めました。

手続きを済ませたあと、私たちはドキドキしながらサンを車に乗せました。「この子はおとなしい犬ですよ」と、係りの人に教えてもらってはいましたが、パニックになってどんな行動をするかもわかりません。車の中で緊張してカチコチに固くなっているサンに、「今日からうちの子になるんだよ、何も心配いらないからね」と優しく声をかけて、そっと体を触ってやりながら我が家へと急ぎました。

その日は、車を降りるともう夜になっていました。家までつづく急な坂道を三人と

一匹で登っていくと、満月に照らされた私たちの影が道に映っていました。その影を見つめながら、サンとの生活の始まりにわくわくする喜びを感じていました。

緊張するサン

サンが我が家に来ました。見知らぬ人たちに車に乗せられ、見たこともない場所へ連れてこられたサン。かわいそうに不安でいっぱいなのでしょう、とにかく震えが止まりません。安心できないうちは眠ることもできないのか、うつらうつらと人間のように船を漕いでいました。ゆっくりゆっくり撫でてやると眠気に耐え切れずに目を閉じますが、その瞬間に「ネテハイケナイ！」とでもいうかのように身震いして目を開けて立ち上がってしまうのです。おまけに「クーンクーン」とさびしげな声でいつまでもいつまでも鳴いています。じつは、サン。この悲しげな鳴きやまない声が原因で、かつて、引き取られた先から施設へ戻されたことがあるそうです。我が家でも、サンはそう簡単には鳴きやみそうにもありませんでした。犬の本を読むと、「鳴いても無視したほうがよい」とか「そばにいてやりましょう」とか、本によって違うことが書いてあって悩みましたが、あまり難しく考えないで付き合うことにしました。

サンを理解しようと試行錯誤する日々の始まりです。好きなものは何なのか、嫌いなものは何なのか、苦手なことは？　得意なことは？　サンとは会話もできないから、時間を見つけてはサンの行動や表情をじっとよく見ていました。せっかくうちに来たのだから、うちが、サンにとってほっとできる場所に早くなるといいな、と思っていました。でも、なかなかそうはいきませんでした。

水は飲むけれど、ごはんはなかなか食べようとしません。施設の方から、「もらわれていったワンちゃんは、ショックでなかなかエサを食べないことが多いのですが、空腹に耐えられなくなれば食べはじめますよ」と聞いてはいましたが、ごはんを食べないのと睡眠が十分でないせいで、サンがフラフラしてきたときは、さすがに心配になりました。一週間してやっとごはんを食べたときは、一家で「食べた！　食べた！」と大喜びでした。

毎日、朝夕に散歩をして、一緒に時を過ごしていくうちに、だんだんとサンのことがわかってきました。サンも初めは遠慮がちで、シッポを振ったり、はしゃいだり、という犬らしい表現をほとんどしませんでした。でも、そっと体重をかけてきて甘えたり、散歩に行くときははしゃいだりと、少しずつですが、気持ちを表してくれるようになりました。人間に対してはとても優しい犬だったので、子どもが何をしても怒ることはありませんでしたが、犬に対しては気が強くて、ほかの犬との距離には気を遣わなければならないのがひと苦労でした。

無理をしないで、できることをしよう

やっとおたがいの存在に慣れてきたころ、息子が骨折して入院することになりました。一匹での留守番も完璧にできるようになっていたサンでしたが、毎日毎日、遅くまで留守番がつづいたある日、サンに変化が起きました。

風呂場でシャンプーをまきちらしたり、吠えつづけたり、そそうをしたり、家具をめちゃくちゃに噛んでしまったり。今までのサンとは思えないような行動がつづきました。違う犬になってしまったかのようなサンが心配になり、動物病院に連れていったり、本を読んで原因を知ろうとしたりしました。サンが夜中に起きだしてくるので、みんなが寝不足になってしまい、これからどうなってしまうんだろうと気が滅入ることもしばしばありました。

せっかく信頼関係ができはじめた矢先に、突然、置いてきぼりの日々がつづいてしまい、サンはそのショックから精神的に参ってしまったのではないかと思います。私たちに心を許しはじめていたからこそ起きてしまった事件でした。

私たちも忙しい日々を過ごす中で、そんなサンとどう暮らしていったらいいのか、ずいぶん悩みました。家事や育児はもちろん、創作活動をこなしていかなければならないなかで、すべてが面倒になり、家の中が暗くなっ

てしまうこともありました。このままではいけないといろいろ考えた末、出てきた答えは意外とシンプルなものでした。

結果はどうであれ、それぞれが無理をしないで「そのときにできることをする」ということ。ただそれだけでした。たとえば、一緒にいられるときはサンのそばにいる、優しく触れてやる、そんなことです。大変な中でも、家族は代わるがわるよくサンと付きあっていました。そして、変わることなくサンを一番かわいがりつづけたのは息子だったということは、嬉しい発見でした。時間はたくさんかかりましたが、そうしているうちに、サンはゆっくりと、もとのサンに戻っていきました。

サンはさらに歳を重ねて十一歳（人間なら六十歳くらい）になりました。足腰は弱くなりましたが、私たち家族と一緒に毎日散歩をしながら、ゆったりと自然に身を任せて暮らしています。振りかえってみると、サンが我が家に来てから、楽しいことも大変なこともたくさんありました。苦しいときも悲しいときも、何もできないと絶望感に苛《さいな》まれたときもありました。そんなとき、「ただ、一緒にそばにいる」だけで生まれてくる計り知れない力、形にならない強さをサンに教えられたような気がしています。心配ばかりしていないで、とりあえず一歩前に歩をすすめてみれば、その先には想像していたより、ずっと豊かな世界が広がっているということ、また、「一緒に生きること」が思いがけず大きな力を生みだすことがあるということを、サンとの暮らしから教えられました。

本当の意味での心の自由を手に入れて、幸せに生きていくための大切な視点を、私たち家族はサンから学んできたのです。

お気に入りの細い一本道。木々を揺らす音が心地よい

あきらめない気持ちをキープする

サンは外で飼う、と決めていました。
居心地のよさそうな犬小屋も用意して、サンの居場所もつくりました。

ところが、いざ外につないでみると
「オウチニイレテヨ！」といわんばかりに
ワンワンと猛烈に吠えはじめ、
リードをはずすと、一目散に家の中に走ってきます。
「いけないよ」と何度教えても、なかなかいうことをききません。

「犬は絶対に外！」と思っていた私たち。
甘やかしてはいけないと思いながらも、
サンが捨て犬だったこと、年齢が高いということを考えると、
なんとなくかわいそうな気持ちになってきました。

そして一カ月。

サンはあきらめずに吠えつづけ、とうとう念願の特等席である
「玄関を上がったところ」を手に入れることに成功したのでした。

捨て犬サンの人生案内　2

長い道のりは楽しんで

捨て犬だったサンを保護施設から引き取って
家に連れて帰ってきた日のこと。

サンは、知らない人に見知らぬ場所へ連れてこられておびえているせいか、
眠いのに断固として目を閉じようとしません。
それどころか座ることさえせずに、長い時間立ちつくしていました。
シッポをお尻に巻きこんだまま、ただブルブルと震えてばかり。
「だいじょうぶだよ、怖いことはないから」と言葉をかけてはみるけれど、
心をかたくなに閉じてしまっているようす。

ぎゅうっと抱きしめてやりたいけれど、
そんなことをしたら、もっと怖い思いをするに違いありません。
だから、こわれものをあつかうように、そうっと、
サンの背中をなでることを繰り返しました。
やがて深夜になり、気づかれないようにサンのいる場所をのぞくと、

さすがに疲れたのか、
すやすやと眠りについていました。

心を開いてくれるまでは、
きっと時間がかかることでしょう。
でも、長い道のりだからこそ、
急がないで途中の道のりを
楽しもうと思った日でした。

弱点があっても気にしない

風がやむと、どっと汗が噴きでてくるような
暑い真夏のある日。
我が家での生活にもずいぶん慣れてきたサン。
外にいるサンがものすごい勢いで体をブルブル震わせています。

よくよく観察していると、
どうやらセミが一斉に鳴きだすと、サンの震えがいっそう激しくなるようす。
セミの声が怖いなんて、と笑ってしまいそうになりますが
ひきつっているサンの顔は真剣そのもの。

こちらはおかしくてたまりませんが、笑いごとではないようです。
弱点はだれにでもあるもの。

自分がいきいきすれば、周りも幸せになる

捨て犬だったサンが我が家にやってきたのは八歳になるころ。
どんなふうに暮らしていたのか、どんなことが好きなのか——。
私たちはサンのことが知りたくて、
いろいろ試してみる日がつづいていました。

おいしそうな匂いの犬用ガムをやっても妙な顔。
犬はボールが好きそうだからと、コロコロころがしてみても、
怯《おび》えた顔で逃げだす始末。

一緒に遊ぶことをあきらめかけたころ、
山の畑へ連れてゆき、囲われた場所で離してみると、
走る、走る！　全身から喜びをあふれさせてサンは駆けまわります。

サンがやっと、
いきいきした姿を見せてくれた！
私たちにまで
うれしさが伝わってきて、
幸せな気持ちになりました。

小さなことから少しずつ

サンと初めて散歩に出かけた日。
ドキドキの混ざった気持ちで歩いていると、
海辺の狭い道で、見知らぬおばあさんと出会いました。

ちょっと恥ずかしかったけれど、軽く会釈をしてみました。
なんだかぎこちなくて変じゃなかったかな、と少し不安になりましたが、
おばあさんも「かわいい犬だねえ、なんて名前？」と話しかけてくれて、
しばらく話がはずみました。

小さな挨拶のおかげで得ることができた、何となくうれしかった時間。

心配のしすぎで問題をふやさない

我が家にやってきてから十日が過ぎたころ。
サンは、水は飲むものの、
ごはんをひと口も食べませんでした。

何か気に入らないことがあるのだろうか。
いや、もしかしたらサンは病気なのかもしれない。
などといろいろな考えが頭をよぎり、ヤキモキしてしまう日々。

「あまり心配しすぎないで、見守ってやってください。
おなかがすいて耐えられなくなったら、どんな子でも食べはじめますから」
施設の方に聞いた言葉がよみがえり、ぐっとこらえて思い直しました。

そして次の日の朝。そのアドバイス通り、
サンはガツガツ、むしゃむしゃとごはんを食べはじめたのです。
何かが吹っ切れたようでした。

心配しすぎると
余計なことまで考えてしまい、
かえって問題を大きくして
しまうこともあるのだと
実感した日でした。

焦らずに時を待つ

人間にはやさしくて従順なサンも、
犬に対しては違いました。
散歩でほかの犬に出会うたびに、
猛烈に吠えたり攻撃をしかけたりするのです。

そのうちにだんだん、散歩に行くことが辛くなりはじめました。
海岸で仲良くじゃれあい、遊んでいるほかの犬たちの姿を見かけると、
なんだか悲しい気持ちになりました。

そんなとき、近所の犬好きのおばさんが、
「まだ、新しい土地に来たばかりで慣れないのよ。
一年くらい経てば、大分落ち着いてくるから。
サンちゃんのペースで散歩してればいいのよ、あまり焦らないでね」
と声をかけてくれました。
ほかの犬と比べてしまっていた焦りの気持ちもすうっと楽になり、

その言葉どおり、サンは時が経つにつれて落ち着き、
吠えることも少なくなっていきました。

細かいことには、こだわらない

散歩から帰ってきて、外でサンにごはんを食べさせていると、
とことことノラ猫がやってきました。
抜き足差し足で近づいてきたその猫は、
けげんそうな顔で見つめるサンを無視すると、
おもむろにムシャムシャ！　サンのごはんを食べはじめたのです。

あまりのことに怒るのも忘れて、「ナントカシテ！」と、
私たちに助けを求めるサン。
ほかの犬には強気なサンも、猫にはたじたじです。

お調子にのったノラ猫くん。
その後もたびたびやってきて、堂々とごはんを横取りしていきます。
初めはどぎまぎしていたサンも、
近頃は「モーイイヨ、オナカガスイテルナラ、ドーゾ」と、
無関心を装うことに決めたようす。

細かいことは気にしないのか、
そのほうが平和とばかりに
猫が残したごはんを
のほほんと食べています。

よく考えてから行動するべし

ある日、海岸の岩場を軽やかに散歩していたサン。
ゴキゲンに調子よく飛び跳ねているな、と思っていたら、
突然、足を滑らせて海へドボン！
全身ずぶぬれになって情けない顔に……。

それ以来すっかり慎重派になったサン。
危ないことがありそうな場所では、
片足をあげたまま、ピタッと動きを止めて一瞬考えてから前進。
眉毛をピクピクさせて考えているようなしぐさが、笑いを誘います。

それ以来サンは、よく考えてから行動するようになり、
海へ落ちることもなくなりました。

捨て犬サンの人生案内　10

どんな出会いも宝物

サンは犬の友だちをつくるのが得意ではありません。
けれども、毎日海岸を散歩するうちに、
そんなサンにも、やっと気の合いそうな友だちができました！

ところが、その犬の飼い主たちは、口をそろえてこう言います。
「うちの子、気の合うワンちゃんがなかなかいなくて。
サンちゃんが友だちになってくれてよかった！」

「類は友を呼ぶ」とは、犬も人の世界も一緒なのかもしれません。

いろいろな出会いを繰り返して、けんかをしたり仲良くしたり。
そうやってサンは、気の合う仲間を見つけていきます。

相手の気持ちを想像する

サンは寝言を言います。

ピクピクッと体を動かして口を閉じたまま、
「ウオッ、ウオン、ウオッ」とちょっとへんな鳴き声。
どうやら吠えているつもり。
足の動きはタッタカタッタカ、忙しく動いて、
まるで草原を走っているかのよう。
悲しい夢を見ているのか、楽しい夢を見ているのか、
飼い主としては気になるところ。

サンとは言葉で話せないから、
行動や表情をじっと観察して、気持ちを想像することが多くなります。
細かい心の動きまではわからないけれど、
注意深く見ることで、うれしいのか悲しいのかぐらいは
なんとなく伝わってくるようになりました。

サンの本当の気持ちを正確に理解できたら楽しいだろうなぁ、
言葉がなくても通じあえたらいいなあ、と思います。

チャレンジする気持ちを思いだす

サンは意外な面をたくさんもっています。
いつもは穏やかで平和な犬を装って（？）いるけれど、
びっくりするようなパワーを見せることがあります。

家の近くの山の斜面を、リスのような小動物が、
カサカサ！と登っていくところに出くわしたときのこと。
とたんに激しく匂いを嗅ぎはじめたサン。
リードをつけているのも忘れて、その傾斜を駆けあがろうとしました。

途中で転げ落ちても、あきらめずに登るのを繰り返すサン。
方向を変えて、何度も何度も猛チャレンジ！
その姿は凛々しく、いきいきとしています。

簡単にあきらめずにチャレンジしつづける姿に感心。
見習いたいなあと思いました。

ほっとできる場所をもつ

車に乗るのが大好きなサン。

車に乗ってさえいれば、外出するときに置いてきぼりの心配がなく、みんなと一緒にいられるのがわかっているからです。

ドアを開けると、だれよりも早く、
助手席の足元にサッと乗り込み、
「サア、オデカケデスネ！」と言っているかのような顔。

車のエンジンがかかり、出発すると、すっかりリラックスしたようす。
すぐにすやすやと熟睡モードに入ります。

心が落ち着く場所でたっぷりと時間を過ごしたあとは、

サンもリフレッシュ
するのでしょう。
ゴキゲンなようすで
車から降り、
調子も良さそうに
リズミカルに歩いています。

ラッキータイミングは逃さない

健康のために、サンのごはんはいつも少なめでシンプル。
サンは間食をすると、あまり調子が良くありません。
だから、食べ物はドッグフードだけにしています。

そんなこともあって、いつもおなかがすきぎみのサン。
私たちの食事の時間になると、匂いに誘われるようにそばにやってきます。
お行儀よくお座りして、
人の食事に手を出したりしないところは、感心、感心。
私たちも本当は少しぐらいやりたい気持ちになるけれど、
心を鬼にして気がつかないふりをします。

そんなある日のこと。
いつものようにテーブルのそばに座っていたサンの目の前に、
息子がポトン！とおかずをこぼしてしまいました。

そのときのサンのすばやさといったら！
すごい勢いでパクパクッ！と食べてしまったのです。
そのスピードに、みんな呆然。

突然訪れたラッキータイミングを逃さないサン。
それ以来サンは、食事のときはいつも息子のそばで、
期待した顔つきで待ちかまえています。

今できることを、せいいっぱい

サンと朝夕散歩していると、いろいろな人に出会います。
たくさんの人がサンに話しかけては、すれ違っていきます。

大人でも子どもでも区別することなく、どんな人にもされるがまま。
いつもおとなしく静かにしているサンだけれど、
「ぽっちゃりとした年配の女の人」が近づいてくると、
とたんにようすが変わります。

シッポがピン！と立ちあがり、
期待に満ちた顔で、その人がやってくるのを待つけれど、
すれ違いざまに顔を見て、なんだかがっかりした表情。
「チガウヒトダッタ……」
サンの心の声が聞こえてきます。
前の飼い主をさがしているのでしょうか。

まだまだサンと私たちの間には、
見えない壁があります。
早く、心からほっとできる
家族になりたい。

だからこそ、今できることを、
せいいっぱい、
少しずつ積み重ねていくことが
大切なのだと思います。

たまには、オーバーアクションで

ごはんよりも散歩に行くのが好きなサン。
日が暮れかかり、夕方の散歩の時間が近づいてくると、
だんだんそわそわしはじめます。

いつも早く連れていってやりたいな、と思っているけれど、
なかなか用事が終わらず、
ずいぶんとサンを待たせてしまうこともあります。

その日も暗くなってしまってから、
やっと散歩の時間をつくることができました。
「遅くなってごめんね、さあ、行くよ」とリードをつかむと……。

待ちに待っていたサンは喜びのあまり、
「ヤッタ！　サンポニイケル！」と飛んだり跳ねたりの大騒ぎ。
廊下を鹿のようにタッタカ、タッタカ、何度も何度も往復しています。

いつも静かなサンの、
うれしい気持ちの爆発にびっくり。
張りつめていた部屋の空気も、
一瞬にしてパーッと明るくなり、
いつの間にか疲れた気持ちも
飛んでいってしまいました。

金色に染まる海。いつもの海岸を散歩

夕方の散歩のあと、たそがれの庭で

どんなことにもプレゼントが隠されている

山に散歩に行くのが大好きなサン。
ものすごい勢いでリードをぐいぐい引っぱって山道を登るので、
ついていく私たちのほうが息切れをしてしまうほど。
だから疲れている日は、あまり山には行きたくないのが正直な気持ち。

久しぶりに山へ散歩に出かけたある日のこと。
かなり山の奥まで入り込んで日も暮れてきたので、
「そろそろ、帰るよ！」とサンに声をかけますが、なかなか帰ろうとしません。
なんだか興奮して飛ぶように動きまわっています。
ため息をつきながらも、サンが夢中で見ている方向に目をやると……。
リスでした。木の上にちょこんとかわいいリスがいます。
ちょっとだけ得をした気分になって、ゆっくりと山道を降りていくと、
今度は急にサーッと足元が明るくなったような気がしたので、
見下ろすと、小さな白い花が一面に咲いています。

なんだかほっと心が和みました。
どんなことにも思いがけないプレゼントが隠されているもの。

いつまでも、恋する気持ちを忘れない

ある日、海辺をサンと散歩していると、
真っ白できれいなフサフサの毛のメス犬が近づいてきました。
風でフファッフファッと毛がなびいて、とてもかわいい犬です。
きれいだなあと見とれていると、突然、サンが挙動不審になりました。

くるくると回転したりキョトキョトとあたりを見回したり、
なんだか落ち着きがありません。
「こらー、静かに」と制すると一応はきちんと座ったものの、
口はガクガク、パクパクとあごが外れたように動いています。

よくよく顔を見てみると、サンの口から滝のようなヨダレが！
口がガクガクしていたのは、
そのヨダレを必死に飲みこんでいるせいだったのです。

メス犬のあまりのかわいさに興奮したのでしょうか。

おかしいやら、情けないやらで
笑ってしまいましたが、
そのあとすぐ、
「ドウ？　ボク、カッコイイデショウ？」
とでもいうように、
いつもよりシャキッとした姿を、
メス犬の前で披露していました。
恋する気持ちは、
いくつになっても大切なのですね。

捨て犬サンの人生案内　19

やるべき時は本気を出して

息子がまだ小さかったころ、サンを連れて散歩していると、
とても大きな犬とばったり出会いました。
その犬とは気が合うのか、めずらしくサンもお行儀よく、
初めはなごやかなムードが流れていました。

けれども無邪気に喜んだ息子が近寄ったとたん、
いきなりその犬に押し倒されそうになりました。
犬は遊びのつもりのようでしたが、なにしろ大きな体。
小さな子どもは倒されたらひとたまりもありません。

その瞬間、おとなしくしていたはずのサンが、ものすごい勢いで、
「ガウッ、ガウッ！」と大きな犬を威嚇したのです。
相手の犬はスッと怯《ひる》み、おかげで事なきを得ました。

ほわーんとしていても、

やるべき時はやるって
カッコいいな、
とサンを見直しました。

そばにいる――ただそれだけが大きな力に

サンは雷が大の苦手。
ピカッ、ゴロゴロゴロッと鳴りだすと、とたんに震えだします。
全身で震えるので顔の表情や目つきも変わってしまい、
かわいそうだけれど、あまりにも臆病すぎる姿に笑ってしまうほど。(ごめんね、サン)

ある夏の夜。
家中が響いてゆれるほどひどい雷がしばらくの間つづきました。
最初はサンが心配で起きていましたが、
いつの間にか、みんなグーグー眠ってしまいました。

朝、目を覚ましてみると、私たちのふとんの足元に
何やら見なれない茶色のかたまりが。
サンでした。

あまりの怖さに耐え切れず、入ることを禁じられている寝室に、
夜の間にこっそりと忍び込んでいたのです。

私たちに見つけられた瞬間、「マズイ！」という顔をして、
抜き足差し足で、自分の場所へこそこそと戻る姿が笑いを誘いました。
不安なときにそばにいてほしい、と思ってもらえるほどの関係が、
私たちとの間に生まれているんだなあ、とちょっとうれしくなりました。

自然からエネルギーをもらう

ささいなことで落ち込んでいたある日、
私は外出するのが嫌になっていました。
でも夕方、サンの散歩の時間になり、
サンにせがまれるまま、しぶしぶと海へ向かいました。

気持ちが落ち込んでいるときは、知っている人に出会って話すのもおっくうなもの。
だからそんなときは、人気のなさそうな道を選んで歩きます。
足取りの重い私とは対照的に楽しげなサン。
そんなサンに引っぱられるように、タラタラとついて歩きました。

砂浜への道を通りぬけると、空と海が視界いっぱいに入ってきました。
見慣れたはずの風景なのに、気持ちが縮こまっていたせいか、
一気に胸に飛び込んできました。
暗くなった気持ちがいつの間にか晴れていくのがわかります。

気分が落ち込んでいるときこそ、
少し外に出て、自然の色や
景色を楽しむこと。
それをサンに
教えてもらいました。

捨て犬サンの人生案内　22

子どものような無邪気さで

忙しいと、散歩以外のときは、
ついついサンを放ったらかしにしてしまいます。
サンはおとなしくて、まるで空気のような存在なので、
知らないうちに足元で寝転んでいるサンを見て、
「何だっけ？　この茶色の毛のカタマリは？」と本気でびっくりする始末。

我が家に来たころは遠慮していたのか、
気持ちを表すこともなかったサンでしたが、
最近は、あまりにも放っておかれる時間が長いと、
意志表示をするようになってきました。

部屋で考えごとをしていると、サンが近づいてきて、
鼻でグイッと手を押し上げます。
「ネエ、ナデテヨ」というおねだり。
手をぶらんとさげていると、そーっと顔をくっつけてきます。

子どものように無邪気に甘えてくると
かわいがりたい気持ちでいっぱいになります。

捨て犬サンの人生案内 23

むだな争いは避ける

サンと楽しい気分で散歩した帰り道、塀の上から突然、
スタッ！と猫が目の前に飛び降りてきました。

びっくりしている暇もなく、
いきなり猫はサンの顔をバリバリバリッと引っかきます。
みると鼻から血がタラーリと流れ、なんともあわれな顔。
「ナニモシテイナイノニ、ドウシテ、ドウシテ？」と困惑顔のサン。
猫はなおも、ファイティングポーズをつづけています。
とにかく離れなくては！と必死にサンを引きずって逃げました。

その事件以来、猫に恐れをなしたサン。
遠くに猫を見つけると、その場所は決して通りません。
やむなくばったり出会っても、
猫と目を合わせないようにして、上手にトラブルを回避しています。

また理由もなく引っかかれたら
たまりませんし、
楽しい散歩を
邪魔されたくありませんから。

休むことも仕事のうち

人間の都合で、つづけてハードに連れ歩き、睡眠が十分でない日は、
後ろ脚がガクガクと震え、すぐにへたりこんでしまうサン。
だいじょうぶかな、と心配するほどよろよろする日もありますが、
そんなときは一日中眠ります。

十分睡眠をとったあとは、
エネルギーが充電されるのか、元気いっぱい。
気持ち良さそうにグーッと伸びをして、
何事もなかったかのように「サンポニイコウヨ！」と誘います。

休んだあとのシャッキリと伸びた背筋を見ていると、
「休む」ということは、とても大切なことなのだなと改めて実感します。

捨て犬サンの人生案内　25

けじめはきっちりと

サンは、人間に歯をたてることは絶対にありません。
優しくて、子どもがどんないたずらをしても平気な顔。
少しぐらい怒ってもいいのに、と思うほど穏やかです。

ところが、犬との関係では全然違う顔を見せます。
特に強そうな犬と出会ったときは、狼のような顔で闘争モードに大変身。
そんなときは、私たちも必死で押さえなければならないほどの激しさで、
困ってしまいます。

ケンカっぱやく気が強いので、
もしかすると犬の世界ではボス体質なのかもしれません。
ひとしきり睨みあって、
どちらが強いか白黒ついたあとは、関係も落ち着きます。
犬なりのルールがあるのでしょう。

人間社会と犬社会をきっちりと分けているサン。
そのけじめのつけようは、ただものではありません。
ルールを貫くその姿には、いろいろ教えられるところがあります。

失敗することを恐れない

サンには守らなければならないルールがあります。
そのひとつが「畳の部屋には入ってはいけない」ということ。

初めは柵をつけたりしていましたが、
サンのいた保護施設の方から、
「何度も繰り返し伝えていけば、意外と覚えるものですよ」と聞き、
柵を取りはずしてみることにしました。

畳にサンが足を踏み入れようとするたびに、「いけない」と繰り返す毎日。
そう簡単にはいきません。
「やっぱり、柵をつけてしまおうかな」と何度も考えましたが、
失敗したときはそのときだ！と思うことにしました。

あと少しだけ、あと少しだけと頑張るうち、時間はかかりましたが、
サンは立派にルールを覚えることができました。

近づきすぎのヤケドに注意

ストーブが大好きなサン。
冬の寒い日は一日中ずっとストーブの前で立ったり丸まったりして
ぬくぬくと過ごしています。

そんなある日、どこからともなく、
プーンと、何かが焦げたような匂いがしてきました。

コンロを確かめますが、火はついていません。
もしかして！と思ってみると、サンの毛が焦げています。
「サン、焦げてるよ！」と、あわててストーブから離そうとしますが、
当の本人は「ナニカアッタノ？」とおとぼけ顔。

時すでに遅し、サンの体の毛は、
ストーブの柵の形にくっきり焦げてしまいました。

いくら心地よくても、ちょうどいい距離を保つことを
忘れてはいけませんね。

脱力至上主義

最近のサンは和んでいます。
我が家にやってきたころの
不安でビクビク震えてばかりいたサンがうそのよう。
今では少しぐらいシッポを踏んづけられても平気な顔。
おたがいを信じているからこその関係。
そんなふうに過ごせることをうれしく思います。
通り道に寝ころんで、ゆうゆうとしている姿には、
たくさんの思い出がつまっているのです。

身だしなみはエチケット

サンと仲のよいメス犬が遠くの方からやってきました。
豆粒くらいにしか見えない遠くにいるときから、
サンは目ざとく彼女を見つけます。

彼女が近づいてくるのを待つ姿は、いつものサンとは大違い。

背筋をシャッキリ伸ばして姿勢を整え、
ほれぼれするような顔つきに。

「ドウダイ、キョウノボクハ？」

「マァ、サンチャン、キョウモステキ！」

などという会話が聞こえてきそうな二匹。

その場に合わせて身だしなみを整えるのは大切なこと。

自分のためにだけでなく、
周りの人を不快にさせないための大切なエチケット。

（うまくいくといいね、サン）

サンはストーブの前がお気に入り
あたたかいクーーン〜
なんだかくさいでし こげている におい クンクン
くさいでくさい ますますくさい クンクンクン……

zzz
ZZZZZ
ユラ〜
ユラ〜
ユラ〜
バターン!!
ねてたよー

サンの一日

サンが来て
すぐに
犬小屋
を買った
サンは
犬小屋に
入らな
かった
サンは
一日中
立ちながら
家を
見ていた
一度も入ら
なかった
犬小屋は
今でも
庭のかた
すみにある

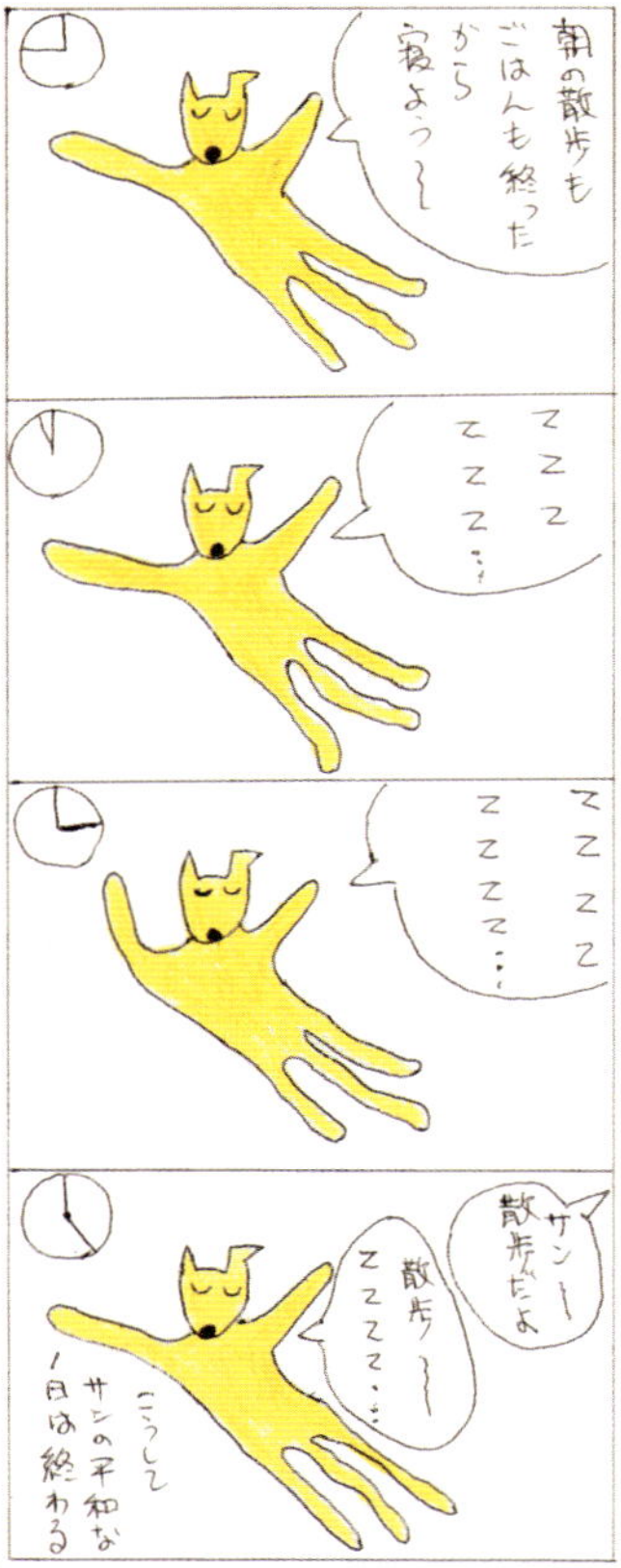

朝の散歩も
ごはんも終った
から
寝よう〜
zzz
zzz…
zzz
zzzz
zzz…
サン〜
散歩だよ
散歩〜〜
zzzz…
こうして
サンの平和な
1日は終わる

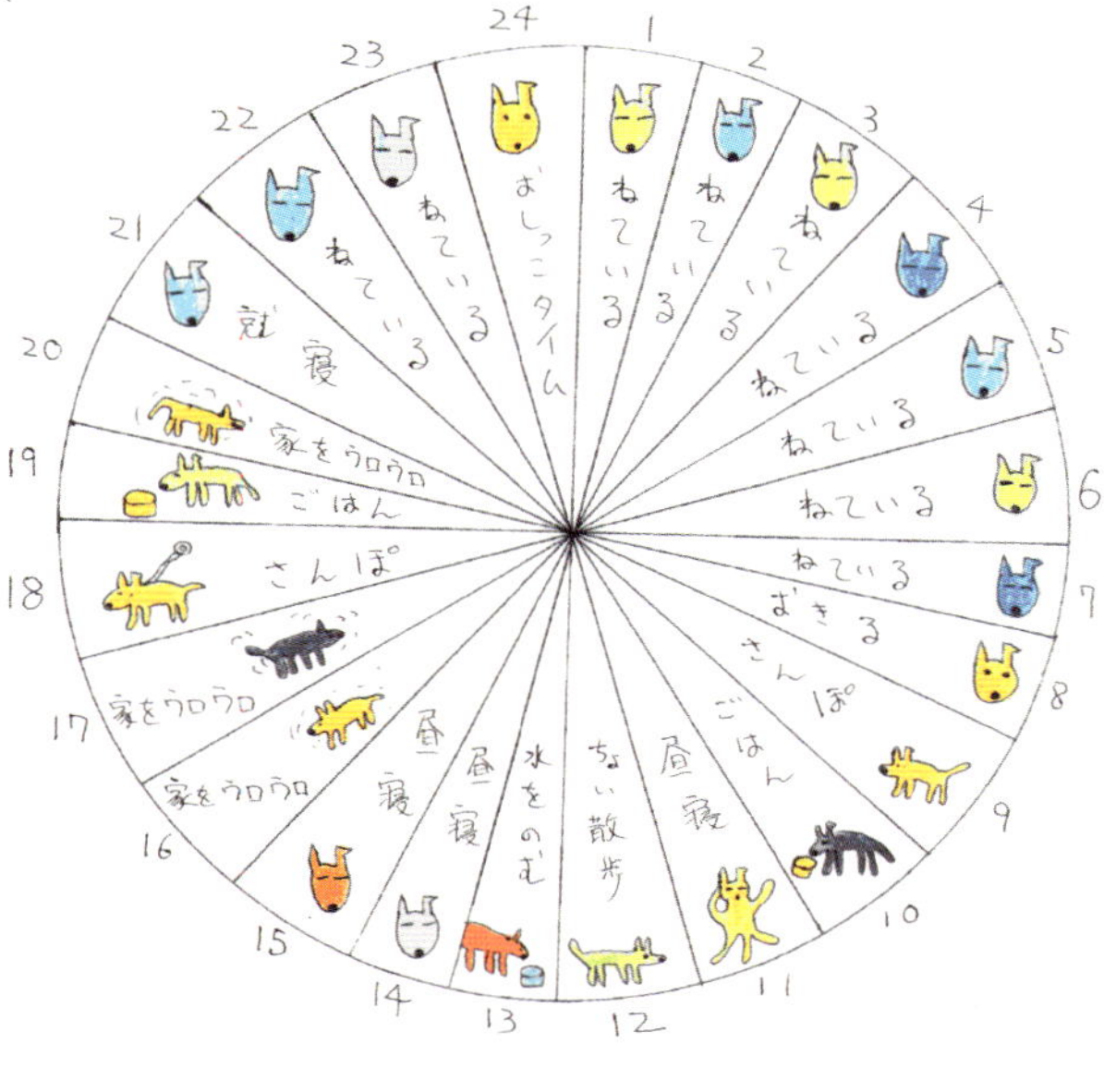

24
1
2
3
4
5
6
7
8
9
10
11
12
13
14
15
16
17
18
19
20
21
22
23
おしっこタイム
ねている
ねている
ねている
ねている
ねている
ねている
ねている
おきる
さんぽ
ごはん
昼寝
ちょい散歩
水をのむ
昼寝
昼寝
家をウロウロ
家をウロウロ
さんぽ
ごはん
家をウロウロ
就寝
ねている
ねている

どんなことにも好奇心

鏡に映る自分を見て、
サンが不思議そうな顔をしていました。
鏡の前を通りすぎたり、立ち止まってじっと見つめたり、
何やらいろいろと考えているようす。
ここにいるのはほかの犬？　誰？と、眉間にしわをよせて、
眉毛をピクピク動かしています。

「アー、モウワカンナイ！」というように、
鼻で大きくため息をついて、ふて寝をしたかと思うと、
また起きだして、鏡の前を行ったり来たり。

サンはどう考えているのかわからないけど、
どんなことにも好奇心を持つのは大切なこと。
そこから何かを学ぶきっかけが生まれます。
「その子がね、サンなんだよ！」と、教えてやりたいけれど。

不条理なことのあるのが世の常

約一週間、旅に出ることになりました。

サンがうちに来てから初めての旅行です。

残念ながらサンは友人宅でお留守番。


旅行から帰ってきて迎えにいくと、うれしそうにサンが玄関までお出迎え。

預かってくれた友人から、

「ときどき散歩に行こうとドアを開けると、いつもはおとなしいサンが強く吠えるから、散歩に行きたくないのだと思って、そういうときは行くのをやめていたよ」

と聞いてびっくり。


サンには、散歩に行こうとドアを開けると、

「ヤッタ！　サンポニイケル！」とうれしくて吠えてしまう癖がありました。

吠えるのは「イヤ！」なのではなくて、「ウレシイ！」だったのです。


散歩に行きそこなったときの「ドウシテー？　ナンデー？」と

困惑したサンの顔が
目に浮かんでくるようです。
友人にちゃんと
伝えておけばよかったと猛反省。
世の中、いろいろな考えが
あるものです。

自分のペースがいちばん

九歳（人間でいえば五十二歳くらい）を過ぎて脚が衰えてきたサン。
家につづく急坂を登るのがひと苦労。

できるだけスローなサンのペースに付き合うことにしていますが、
忙しいときには、ついつい急がせてリードを引っぱったり、
お尻を押したりしてしまいます。

でもそうしたあと、決まってサンは不機嫌で体調も良くありません。
それどころかそそうをしたりして、
かえってやることが増えてしまいます。

どんなにゆっくりでも、サン自身の脚で歩くことをつづけていると、
疲れるかもしれないけれど、体力も気力も満たされるのでしょう。
表情もいきいきとして機嫌も良く、
生活のリズムも整って、手がかかることも減ります。

時間がかかるようでも、
サンのリズムに合わせたほうが、
結局はすべてが
良い方向へ向かうのです。

まちがいに気づいたら、素直にあやまる

その日、サンはよほど山で遊びたかったのでしょう。
私たちが「待て」というサインを出しても知らんぷり。
どんどんひとりで家の裏山へ、
猛スピードで走っていってしまいました。

迷子になったら大変！と必死に追いかけますが、
サンが本気を出したら誰も追いつくことはできません。
とにかく急いであとを追っていくと、
Uターンしたサンが、ものすごい勢いで降りてきました。

捕まえられた腕の中で「シカランル！」と思ったのでしょう、
「ギャオン、アオン、ゴメンナサイ！」の大騒ぎ。
何かずっと弁解しているようにしゃべっているので、
怒っていた気持ちも失せてしまいました。

それからはずっと頭を低くして
反省しているようす。
まちがったことをした、
ということは
よくわかっているようで、
しょんぼりとしていました。
まあ戻ってきたのだし、
反省もしているようだから
許してやりましょう。
素直に反省することは
大切なことです。

捨て犬サンの人生案内　34

ふれあうこと

ふと気がつくと、
サンはいつも体を誰かにくっつけています。
さりげなく足の先っぽを、控えめにお尻を、
ちょっとだけくっつけています。
あまりにも奥ゆかしいので、
初めは気がつかなかったくらい。

好きな人にふれているだけで、安心できるのかもしれません。
私たちもいつの間にか、
そんな関係になれたのだと思うと、うれしくなります。

捨て犬サンの人生案内　35

今、この時を大切にする

サンが我が家にやってきて、二度目の冬のこと。
捨て犬だったとは思えないほど
聞き分けのいい子になってくれたサンでしたが、
私たちの用事が重なって長い留守番がつづいたある日、
サンのようすがいつもと違うことに気がつきました。
家具にめちゃくちゃに噛みつき、
嫌いなはずの風呂場に入り込み、シャンプーをまきちらします。
決してまちがえることのなかったトイレの場所も、
守ることができなくなってしまいました。
まるで「別の犬」になってしまったかのようなふるまいにとまどい、
動物病院の先生に診てもらうと、
「脳腫瘍の疑いがあるかもしれません」と診断されました。

サンとの楽しい暮らしが、やっと始まったばかりなのに、
もう別れがくるかもしれないなんて……と、私たちはショックで落ち込みました。

しかも何をするかわからないので、
留守番をさせておくことができません。
家族の外出もままならなくなって、
みんなが疲れていきました。

そんなとき、小学生の息子が
ポツリとひとこと。
「いいじゃん、
今、生きてさえいてくれれば。
それだけでいいよね、もう」
その言葉で目が覚めました。
どうやらサンは脳腫瘍では
ありませんでしたが、
健康面での心配はまだまだあります。
でも、とにかく今は一緒にいられる。
今の時間一刻一刻を
大切にしていこう、そう思うのでした。

捨て犬サンの人生案内　36

がまんするから、いいことがある

ときどき、腰を痛めてしまうサン。
ひどく調子の悪いときには、お世話になっている動物病院へ行きます。

先生はとても優しいけれど、注射を打たれることもあるから、
サンにとって病院は大の苦手です。
病院に着くと、アプローチの階段でまずひとふんばり。
「サンくーん」と呼ばれて、待合室から診察室へ移るときにはへっぴり腰。
最後は体重計に飛びのったり、椅子の下に隠れたりして全力で抵抗します。
先生が足を触っただけで「キャウーン！」と鳴いて、
「まだ、何にもしてないよ」と笑われたりしています。
私たちは心を鬼にして押さえつけます。
ここまでくるとさすがのサンも観念して、
ウーンと踏んばった顔。立派にがまんします。
かわいそうな気もするけれど、そのおかげで明日も元気に歩けるのだから、
頑張って耐えなくてはいけないときもあるのです。

ときには意表をついた行動を

部屋の中に蚊がプーンと飛んでいます。
蚊も食事にありつくために一生懸命。
サンの鼻のあたりが、毛もなくてちょうど狙いめなのでしょう。
サンの目の前を行ったり来たりしています。

ある日、いつもは静かでおとなしいサンが、
いきなりすごい顔をしたかと思うと、
目にも止まらぬ速さでパクッ！と蚊を食べてしまいました！
その後は、何事もなかったようなすまし顔。

おっとりしているサンの意表をついた早ワザに、
蚊も私たちもびっくり。おみそれしました。

継続は力なり

サンは基本的なしつけがきっちりとできている犬でした。
トイレを家の中ではしない、人には噛みつかない。
この二つは教えなくても身についていたので、
初めて犬を飼う私たちには、とてもありがたいことでした。

そうはいっても、だんだんと欲が出てくるもので、
「待つ」ということができればいいのにと思いはじめます。
例えば、散歩の途中で用事があるから待っていて欲しいとき。
ほかの犬に飛びかかりそうになるのを止めるとき。
「待て」を覚えてくれると、とても助かることがたくさんあるのです。

高齢の犬、しかも捨て犬だったサンに、
新しくしつけを覚えさせるなんて無理だよ、といろいろな人から言われ、
そういうものなのかなと、初めはあきらめていました。

でも、根気よく
教えつづけるうちに、
「お座り」をして、
ごはんを「待つ」までは、
できるようになりました。

普通よりも長い時間が
かかりましたが、
あきらめないで
つづけていてよかった。

サンのにがてメモ

サン
のきらいなものは
セミの声
嵐の時の
風の
音
雷の音、ある
雷のなる夜に
サンは
こわくなって
そっと
部屋に入って
フトンに
もぐりこんできた。
あときらいなものは
海水浴
いつも
海
散歩に行くのに
水は
大きらい
夏の日に
水に入ろうと
きん張しまくって
水の中
で動かなかった。
サーフィン犬にしたいが今年も
丘サーファー
犬のようです。

海へ散歩に行こう〜
ブーケちゃん元気〜 日本の冬はエジプトより寒いでしょう
そうだね あたたかい海辺がなつかしいよ
ブーケちゃん友達何びきいる〜？
ん・・サンクンとタロウクンとサンタクンかな
僕も友達は3びきくらいかな〜
いがいと友達の少ないサンとエジプト犬ブーケであった

ZZZ ZZZ…
プ〜ン
プ〜ン
カだ〜
プロ〜ン
おいしかった〜
この話は実話なのです。

ユーモアで乗りきる

眉毛がピクピク動き、人間みたいな表情が得意のサン。
百面相のようにくるくると表情がかわります。

ある日の散歩のときのこと。
サンが、すれ違った犬に吠えて飛びかかりそうになりました。
「いけない！」といわれても吠えつづけるサン。
その日のお説教は長いものになりました。

家に帰ってからも、どうしたら「お行儀のいい犬」になってくれるのだろうね……と、
真剣に考えてため息をついてしまいます。
ああでもないこうでもないと話しているうち、
ふと視線を感じて振りむくと、オドオドした上目づかいで、
恐る恐る私たちのようすをうかがっているサンがそこにいました。

その顔はあまりにもおかしな表情。
思わずプーッと
吹きだしてしまいました。
深刻だったはずの気分もどこへやら。
笑いのおかげで空気も変わり、
シリアスに考えすぎても
役に立たないことに気がつきました。

サンも一生懸命なんだから、
あきらめないで教えつづけていれば、
そのうちにきっとうまくいくでしょう。

捨て犬サンの人生案内　40

大切な人と一緒にいる時間をつくる

砂浜にならんで一緒に座り、海を見る。
サンの体をそっと優しくなでてやると、甘えて体重をかけてきます。

一緒にいることができて幸せ、と思うひととき。
長い時間でなくても、気持ちの霧が晴れていくような大切な時間です。

波の音も優しく聞こえてきます。

エピローグ

広田行正

サンの写真を初めて撮ったのは、二〇〇五年の寒い冬の日でした。ぬけるような青空をバックに撮ったとぼけた感じのサンの顔が何ともおかしくて、早速、自分のブログにアップしました。気軽な気持ちで載せたサンの写真に、瞬く間に大勢のファンがついて大人気になりました。とてもびっくりしました。その後、海や山へ散歩するときはいつもカメラを持ち、サンの写真を撮って頻繁にブログにアップするヨ々が今でもつづいています。

僕が犬を飼うのはサンが初めてでした。それまでは完全な猫派で、しかも気まぐれにふらりとやってくるノラ猫派でした。ノラ猫との気ままな関係が気楽でいいと思っていました。犬は毎日の散歩もあるし、外出のときにもかなり束縛されるような気がして、この先飼うこともないだろうと思っていました。でも、ふとしたきっかけで、うちにサンがやってきました。猫派の僕としては、正直最初はいろいろと戸惑うこともありましたが、今では家族の一員としてサンのことを大切に思っています。

先日のこと。いつものように近くの海岸に朝の散歩に出かけて、砂浜に腰掛けてサンの写真を撮っていると、顔馴染《なじ》みの漁師のおばさんから「あんたはよく飽きないねえ、毎日毎日犬の顔ばかり撮って。でもワンちゃんは幸せもんだよ、こんなに大切にされてね」と言われました。その言葉を聞いて、サンは僕にとっていとおしくかけがえのない存在なのだと改めて気づき、何だかとてもうれしくなりました。

広田千悦子（ひろた・ちえこ）
創作家。うつわ、エッセイ、イラスト、ことば、書などを中心に活動している。毎年春と秋に、写真家の夫と二人展を自宅にて開催。著書に、エッセイとイラストで綴った『おうちで楽しむにほんの行事』（技術評論社）、『湘南ちゃぶ台ライフ』（広田行正との共著・阪急コミュニケーションズ）などがある。

広田行正（ひろた・ゆきまさ）
写真家。タヒチ、モルディブ、バハマなど南の島を中心に90回以上の海外取材を行い、気持ちのいい水、海、地球の色や懐かしい風景の中にいる子どもたちの撮影を続ける。撮影を担当した『ビーチコーミング学』（東京書籍）、共著に『ワールドダイブサイト１００』（阪急コミュニケーションズ）など多数。雑誌や新聞にて写真を連載中。本書ではイラストも担当。
http://www.peace-blue.com

捨て犬サンの人生案内
2006年11月17日　　初版第1刷発行

文　広田千悦子
写真・絵　広田行正
企画・編集　吉田揚子
装丁　富田光浩
発行者　清水能子
発行所　株式会社メディアファクトリー
104-0061　東京都中央区銀座8-4-17
電話0570-002-001（カスタマーセンター）
03-5469-4740（編集部）
印刷製本　図書印刷株式会社

ISBN4-8401-1740-3　Printed in Japan